BEI GRIN MACHT SICH IHR WISSEN BEZAHLT

- Wir veröffentlichen Ihre Hausarbeit,
  Bachelor- und Masterarbeit

- Ihr eigenes eBook und Buch -
  weltweit in allen wichtigen Shops

- Verdienen Sie an jedem Verkauf

Jetzt bei www.GRIN.com hochladen und kostenlos publizieren

Helen Sporbert

Erarbeiten der ersten Zahlen im Anfangsunterricht

GRIN Verlag

Bibliografische Information der Deutschen Nationalbibliothek:

Die Deutsche Bibliothek verzeichnet diese Publikation in der Deutschen National-
bibliografie; detaillierte bibliografische Daten sind im Internet über http://dnb.d-
nb.de/ abrufbar.

Impressum:

Copyright © 2006 GRIN Verlag, Open Publishing GmbH
Druck und Bindung: Books on Demand GmbH, Norderstedt Germany
ISBN: 978-3-640-93157-6

Dieses Buch bei GRIN:

http://www.grin.com/de/e-book/173045/erarbeiten-der-ersten-zahlen-im-anfangs-
unterricht

GRIN - Your knowledge has value

Der GRIN Verlag publiziert seit 1998 wissenschaftliche Arbeiten von Studenten, Hochschullehrern und anderen Akademikern als eBook und gedrucktes Buch. Die Verlagswebsite www.grin.com ist die ideale Plattform zur Veröffentlichung von Hausarbeiten, Abschlussarbeiten, wissenschaftlichen Aufsätzen, Dissertationen und Fachbüchern.

Besuchen Sie uns im Internet:

http://www.grin.com/

http://www.facebook.com/grincom

http://www.twitter.com/grin_com

Universität Leipzig

Erziehungswissenschaftliche Fakultät — Institut für Grundschuldidaktik

Erarbeiten der ersten Zahlen

im

Anfangsunterricht

(Grundstudium G2)

Seminar:
Erarbeiten der ersten Zahlen und Rechnen in der Grundschule
SS 2006

vorgelegt von: Helen Sporbert

Studiengang: Lehramt Grundschule, studiertes Fach: Germanistik

Fachsemester: 4

Inhaltsverzeichnis

1. Einleitung...3

2. Vorkenntnisse der Schulanfänger..3

3. Die pränumerische Phase..5

3.1 Definition und Ziele der pränumerischen Phase.........................5

3.2 Aufgaben in der pränumerischen Phase....................................6

3.3 eineindeutige Zuordnungen..7

3.4 pränumerische Phase als Bestandteil des Unterrichts.................8

4. Gewinnung der ersten Zahlen...9

4.1 Einstieg und Erarbeitungsmöglichkeit.....................................9

4.2 methodische Umbesetzung der ganzheitlichen Zahlenerfassung...12

4.3 Repräsentationsformen im Anfangsunterricht...........................12

4.4 Zahlaspekte in den ersten Wochen des Anfangsunterrichtes.......13

4.4.1 Ordnungszahlen...13

4.5 Üben des Zählens 14

4.6 Zahlbeziehungen...15

4.7 Ziffernschreibweise...16

5. Arbeitsmittel des Anfangsunterricht.......................................17

5.1 Steckwürfel..18

5.2 Cruisenaire-Stäbe..18

5.3 Merkmal-Plättchen..19

5.4 weitere Materialien..19

6. Zusammenfassung / Schlussfolgerung....................................20

Literaturverzeichnis

1. Einleitung

Das Thema dieser Hausarbeit ist das Erarbeiten der ersten Zahlen im Anfangsunterricht des Faches Mathematik der Grundschule.

Da dieses Thema aber sehr vielseitig ist, möchte ich mich hauptsächlich damit beschäftigen

- wie die ersten Wochen im Mathematikunterricht aussehen und
- was man in den ersten Wochen beachten sollte
- welche Möglichkeit es gibt, die Zahlen zu bearbeiten
- welche möglichen Arbeitsmaterialien sich für diesen Zeitraum eignen

Im Großen und Ganzen möchte ich einen Überblick über die ersten Wochen des mathematischen Anfangsunterrichts herausarbeiten und schaffen.

Außerdem werde ich verschiedene Lehrbücher betrachten und zu passenden Abschnitten einbeziehen, ebenso den Lehrplan.

2. Vorkenntnisse der Schulanfänger

Es gibt zahlreiche empirische Studien über die Vorkenntnisse und die Entwicklung des Zahlbegriffs von Kindern und Schulanfängern z. B. die Untersuchung von R. Schmidt im Jahre 1982. Er untersuchte mit dem hessischen Institut für Bildungsplanung und Schulentwicklung die Zahlkenntnisse von Schulanfängern in Hessen und Baden-Württemberg. In dieser Untersuchung wurden 1138 Kindern verschiedene Aufgaben über verbales Zählen, Schreiben und Lesen von Ziffern, Vergleichen von Mengen und einiges mehr gestellt. Daraus ergab sich, dass 99,4% der Kinder bis 5 und 70% bis 20 zählen konnten. Bis zur Zahl 100 konnten immerhin 15,1% der Kinder zählen. Auch beim Vergleichen von Mengen haben 95,3% der Kinder bei der Frage, welche Anzahl von Plättchen die größere ist, die richtige Antwort gegeben.

Beim Lesen der Ziffern konnten mehr als dreiviertel der Kinder die Zahlen 0 bis 10 richtig lesen. Beim Schreiben der Ziffern sind die Leistungen erwartungsgemäß niedriger als beim Lesen. Im Durchschnitt kann ein Schulanfänger 5 bis 6 Ziffern richtig schreiben. Die meisten Schwierigkeiten bereitet die Ziffer 9, da diese häufig mit der 6 verwechselt wird. Die 0 wurde am wenigsten falsch geschrieben und die Ziffern 1 und 3 wurden am häufigsten spiegelverkehrt geschrieben.

Auch weitere Untersuchungen wie z. B. von Hasemann, Selter, Grassmann lassen die Schlussfolgerung zu, dass viele Schulanfänger bereits ein hohes Maß an mathematischen Kenntnissen und Fähigkeiten in den Anfangsunterricht mitbringen, jedoch schwanken die Leistungen und Voraussetzungen bei den Kindern stark.

Aus dem Bericht und den Interviews von Hartmut Spiegel[1] lässt sich ebenfalls erkennen, dass viele Kinder bereits im vorschulischen Bereich durch die Auseinandersetzung mit der Umwelt und anderen Komponenten ein hohes Maß an mathematischen Kenntnissen mit in den Anfangsunterricht bringen. Vor allem ist die Rechenfertigkeit bei den Schülerinnen und Schülern bereits vorhanden, d. h. sie können bereits vor dem Eintritt in die Schule leichte Rechenoperationen lösen, erfinden ihre eigene Rechenstrategie und haben ein bestimmtes Verständnis für Mathematik.

Diese Tatsache darf von dem Lehrer nicht ignoriert werden und die Erarbeitung und Einführung der Zahlen sollte nicht kleinschrittig und für alle Schülerinnen und Schüler einer Klasse gleich passieren. Friedhelm Padberg schlägt vor, dass es günstig wäre einen Test, ähnlich wie die einzelnen Untersuchungen, mit den Schulanfängern durchzuführen, um den Kenntnisstand der einzelnen Kinder zu prüfen und den Unterricht differenziert darauf aufzubauen.[2]

Auch Spiegel weist in seinem Bericht als Schlussfolgerung darauf hin, dass die Lehrkräfte sich mit den bereits vorhandenen Fähigkeiten der Schulanfänger gründlich auseinandersetzen sollten und sich nicht auf einen einheitlichen „steifen" Anfangsunterricht für den kleinen Durchschnitt der Schüler zu beschränken. Ebenfalls sollten auch Fehler nicht nur in ihrer negativen Seite gesehen werden, sondern man sollte ihnen nachgehen, weil sich doch oftmals ein richtiger Grundgedanke dahinter verbirgt. Die Kinder sollten auch angeregt werden mehrere Lösungswege in Betracht zu ziehen und zu versuchen. Vor allem sollten diese durch den Lehrer zugelassen werden, da dadurch ein besseres mathematisches Verständnis gefördert werden kann.

Es wäre nicht korrekt alle Kinder über einen Kamm zu scheren und den Unterricht auf den Durchschnitt der Schülerleistungen und Vorkenntnisse aufzubauen, da es so sehr wahrscheinlich passieren kann, dass sich die leistungsstarken Schüler langweilen und

---

[1] www.grundschule.bildung-rp.de/gs/anfangsunterricht/W&WKinderschonrechnen.pdf
[2] vgl. Padberg 2005, S. 27

4

die Motivation in der Schule Rechnen zu lernen gehemmt wird und somit verloren geht. Bei den leistungsschwachen Schülern wäre eine Überforderung zu verzeichnen, welche ebenfalls in Lernunlust, Frustration und vor allem Angst vor dem Mathematikunterricht hervorrufen kann.

Daher sollte man als Lehrkraft immer an die Vorkenntnisse der Schüler versuchen anzuknüpfen und jeden einzelnen Schüler zu fördern und fordern, aber nicht über- und unterfordern.

3. Die pränumerische Phase

3.1 Definition und Ziele der pränumerischen Phase

Die pränumerische Phase beinhaltet alle Aktivitäten, die den Zahlenbegriff vorbereiten und alle Spiele und Arbeitsformen im Mathematikunterreicht, die ohne genaue Zahlenvorstellung durchgeführt werden können.[3]

Sie ist ein wichtiger Bestandteil der Eingangs- und Anfangsphase des Mathematikunterrichts, denn ihr Hauptziel besteht nicht nur darin den Zahlenbegriff vorzubereiten, sondern auch grundlegende mathematische Kenntnisse und Fähigkeiten, wie z. B. vergleichen, sortieren, klassifizieren, unterscheiden zu erlangen. Diese Fähigkeiten benötigt man jedoch nicht nur im Mathematikunterricht oder anderen naturwissenschaftlichen Fächern, sondern in allen anderen Schulfächern genauso wie im alltäglichen Leben, damit man sich in der Umwelt zurechtfinden kann. Auch fächerübergreifende Fähigkeiten, wie argumentieren, ordnen und strukturieren von Umweltsituationen, sowie das Ausdrucks- und Sprachverhalten durch das Beschreiben von Bildern mit den Begriffen links, rechts, oben, unten, u. a. werden geschult.

Außerdem dient die pränumerische Phase auch dazu, die ersten Grundsteine für die Bildung mathematischer Begriffe zu legen, welche durch Abstraktion erlangt werden.

Ein weiteres wichtiges Ziel dieser Phase ist es soziale Kompetenzen zu bilden, sowie Höflichkeitsformen (ausreden lassen, zuhören) einzuführen und zu stärken.[4]

Es bietet sich an, unterschiedliche Sozialformen in den Unterricht einzuführen wie etwa Gruppenarbeit, Partnerarbeit, aber auch Kreisgespräche. Außerdem kann man damit

---

[3] vgl. Lauter 2001, S. 12
[4] Ebd.

beginnen, die Kinder mit verschiedenen Handlungsmustern und Verlaufsmustern, sowie mit den methodischen Großformen des Unterrichts vertraut zu machen. Weitere wichtige Ziele sind in dieser Phase die Förderung der Konzentration und das problemorientierte Denken. Auch das entdeckende Lernen ist in dieser Zeit ein wichtiger Bestandteil, welcher natürlich auch im weiterführenden Unterricht eingesetzt werden sollte.

3.2 Aufgaben in der pränumerische Phase

Wichtige Aufgaben in dieser Phase sind die Sortierübungen und Bildbetrachtungen. Dadurch werden die bereits genannten Ziele der pränumerische Phase unterstützt und erlangt, da das Beschreiben, Sortieren und Unterscheiden von Gegenständen, sowie Zugehörigkeitsbeziehungen und Lagebeziehungen erkennen im Vordergrund stehen. Merkmal-Plättchen, Steckwürfel, Perlen, Knöpfe und Spielsachen sind die geeigneten Arbeitsmaterialien, mit welchen die unterschiedlichsten Aufgaben handelnd gestaltet werden können. All diese Materialien kann man auf verschiedene Weise klassifizieren und ordnen lassen, auch Raumerfahrungen lassen sich, vor allem mit Spielsachen und mit dem eigenen Körper am besten verdeutlichen und entdecken. Silvia Regelein stellt viele unterschiedliche Möglichkeiten für diesen Bereich in ihren beiden Büchern (Der gesamte Mathematikunterricht im 1. Schuljahr; So läuft Ihr Mathematikunterricht) vor, welche für den Unterricht sehr gut genutzt werden können. Aber auch die Spiele „Ich sehe was, was du nicht siehst" und „Mein rechter, rechter Platz ist frei" können in dieser Zeit genutzt und individuell abgewandelt werden.

Die Schulbücher haben oft auf der ersten Seite ein Bild, auf welchem sehr interessante lebensnahe Situationen dargestellt sind. Diese geben Anlass zum Gespräch mit und unter den Kindern. Die Schülerinnen und Schüler sollen die dargestellte Situation beobachten und sprachlich wiedergeben.

Von Josef Lauter[5] wird empfohlen, dass einige Spiele und Elemente der pränumerischen Phase weiterhin im Unterricht eingesetzt werden und nicht nur auf die Anfangszeit beschränkt werde sollten, weil damit affektive Lernziele erreicht werden können und die Kinder Freude am entdeckenden Lernen und Spielen haben.

---

[5] vgl. Lauter 2001, S. 26

3.3 eineindeutige Zuordnungen

Piaget hat durch seine psychologischen Grundlagenuntersuchungen festgestellt, dass ein Kind erst fähig ist, den Zahlenbegriff zu bilden, wenn es die Möglichkeit einer eineindeutigen Zuordnung zwischen Elementen zweier Mengen, die ungleichmäßig geordnet sind, erkennt. Das die Schülerinnen und Schüler die Mengeninvarianz erkennen, ist demzufolge wichtig für die Erarbeitung des Zahlenbegriffs unter dem Kardinalzahlaspekt. Dies muss im Unterricht berücksichtigt werden und den Kindern mit handelnden Übungen verdeutlicht werden. Eine spielerische Möglichkeit eineindeutige Zuordnungen zu zeigen, ist das Spiel „Reise nach Jerusalem". Dabei sollten zu Beginn des Spiels alle Schüler auf einem Stuhl sitzen. Diese Situation wird sprachlich von den Kindern oder dem Lehrer verdeutlicht. Im Laufe des Spiels wird immer ein Stuhl weggenommen und ein Kind muss aufhören bis am Ende ein Stuhl und ein Schüler übrig bleibt und gewonnen hat. Auch Memoryspiele bieten eine kindgemäße Übungsmöglichkeit.

Eine weitere Möglichkeit sind die provozierenden Zuordnungen, also natürliche Zuordnungen wie Gabel – Messer, Ei – Eierbecher, Tasse – Untertasse. Solche Übungen lassen sich beim gemeinsamen Frühstück in Verbindung mit dem Fach Sachunterricht (Lernbereich 2, Gestalten eines gesunden Frühstücks) realisieren. Dabei ist der sprachliche Ausdruck ebenfalls sehr wichtig. Die Kinder sollten sagen „Ein Teller für Michael, ein Teller für Anna, u. s. w.".

Weitere Übungen können mit konkretem Material z. B. mit Merkmal-Plättchen durchgeführt werden. Dabei können verschiedene Aufgaben gestellt werden, wie die kleinen Kreise den großen Kreisen, durch aufeinander legen oder nebeneinander legen, zuordnen. Aber auch Zuordnungen zu vervollständigen im Schulbuch, im Heft oder auf Arbeitsblättern sind angebracht, da die Zuordnungen nicht nur handelnd durchgeführt werden sollen, sondern danach auf der ikonischen und symbolischen Ebene weitergeführt werden.[6]

Die Übungen der eineindeutigen Zuordnungen sollten in der pränumerischen Phase bzw. in den ersten 6 Wochen des Anfangsunterrichts gefördert und gefordert werden.

---

[6] vgl. Radatz/Schipper 1983, S. 29 ff

3.4 pränumerische Phase als Bestandteil des Unterrichts

Im Lehrplan Sachsen von 1992 ist die pränumerische Phase noch als ein eigenständiger Lernbereich (Lernbereich 1: Erwerb grundlegender mathematischer Einsichten und Erfahrungen) gekennzeichnet. Jedoch haben die verschiedenen Untersuchungen über die Vorkenntnisse der Schulanfänger und der daraus resultierenden Kenntnis dazu geführt, dass diese Phase aus den Lehrplänen verschwunden ist. In den Werken wie von Silvia Regelein[7] oder auch von Schipper und Radatz[8] wird auch aus diesem Grund empfohlen, diese Phase so kurz wie möglich zu halten.

Dieser Wandel ist auch in den Schulbüchern zu verzeichnen. So findet man in den älteren Ausgaben nach den Bildseiten oftmals mehrere Seiten (von Schulbuch zu Schulbuch unterschiedlich) mit diversen Zuordnungs-, Sortierungs-, Unterscheidungs- und Orientierungsübungen entweder mit Bildern oder mit Figuren in Form der Merkmal-Plättchen oder Steckwürfel. In den neueren Schulbüchern findet man solche Aufgaben kaum noch, meist beginnt bereits ab der 2. Seite der ganzheitliche Zahleneinstieg mit verschiedenen Übungen zum Zählen, Mengenzuordnungen und zur Ziffernschreibweise.

Schipper[9] jedoch weist darauf hin, dass die ersten 6 Wochen vom 1. Schuljahr genutzt werden sollten, um die Vorkenntnisse und die kognitiven Grundstrukturen der Kinder zu erfahren und um den folgenden Unterricht darauf aufzubauen.

Diese von Schipper vorgeschlagenen 6 Wochen und die pränumerische Phase kann und sollte miteinander verknüpft werden. Es sollte aber auch bereits in dieser Zeit eine Differenzierung der unterschiedlichen Fähigkeiten der Schülerinnen und Schüler Rechnung getragen werden und somit differenzierte Aufgaben zur Verfügung gestellt werden, d.h. den Kinder, die bereits in Grundzügen rechnen können oder bei denen der Zahlenbegriff schon weitgehend ausgebaut ist, sollte man bereits Rechenübungen zur Verfügung stellen.

---

[7] vgl. Regelein 2000, S. 20
[8] vgl. Radatz / Schipper 1983, S. 53
[9] www.grundschule.bildung-rp.de/gs/_Lernprozesse/texte/zahlenverstaendnis.html

4. Gewinnung der ersten Zahlen

4.1 Einstieg und Erarbeitungsmöglichkeit

Im Laufe des letzten Jahrhunderts wurden verschiedene Konzepte zum Aufbau des Zahlbegriffs im Anfangsunterricht entwickelt. So gibt es verschiedene Möglichkeiten den Zahlenbegriff im Unterricht zu behandeln und einzuführen.

Die bereits erwähnten Untersuchungen über die Vorkenntnisse der Schulanfänger hinsichtlich ihrer Zahlenkenntnisse hatten auch eine Veränderung bei der Behandlung der Zahlen im Zwanzigerraum bewirkt. Es besteht weitgehend Einigkeit unter den Lehrern und Mathematikern die Zahlen nicht kleinschrittig, d.h. nicht Zahl für Zahl oder durch einen kleinen Zahlenraum wie von 1 bis 5/6 und dann bis 10 einzuführen und zu behandeln, wie es auch der Lehrplan Sachsen[10] von 1992 vorschlägt, sondern zu Beginn den kompletten Zahlenbereich von 1 bis 10 oder sogar von 1 bis 20 ganzheitlich in Angriff zu nehmen. [11]

Dieser Wandel lässt sich auch in den Schulbüchern feststellen, so wird Schulbuchausgaben der Neunziger Jahre die Zahlen wie folgt eingeführt:

- Mathematik 1. Diesterweg-Verlag 1990:
  - Zahlen 1 bis 5, einzeln eingeführt
    - → pro Zahl eine Schulbuchseite
  - danach das Vergleichen, Addieren und Subtrahieren
  - anschließend die Zahl 0
  - 6 und 7, sowie 8 und 9 mit anschließenden Rechenübungen
  - Zahl 10 und Rechenübungen
  - nach der Einführung des Zahlenbereichs 0 bis 10, folgen Seiten zum Halbieren und Verdoppeln, Rechengeschichten, Zahlbeziehungen, Zahlfolgen und Ordnungszahlen, Tausch- und Umkehraufgaben
  - auf Seite 78 beginnt des Stellenwertsystem mit der Einführung von Einer und Zehner und anschließend die Zahlen von 10 bis 20 mit Übungsaufgaben und nachfolgend dem Zehnerübergang

---

[10] Lehrplan Sachsen, 1992; S. 16
[11] vgl. Padberg 2005, S. 28 f.

- Mathemax. Cornelsen Verlag 1993:
  - Zahlen 1 bis 6 werden gemeinsam anhand des Würfels eingeführt
  - zu jeder Zahl eindeutige Zuordnungsübungen, sowie Schreibübungen
  - danach Zahlbeziehungen, Addition und Subtraktion, Tauschaufgaben,
  - Einführung der Zahlen 7 bis 10 nach demselben Prinzip wie die Zahlen 1 bis 6
  - dann Zahlzerlegung, Verdoppeln, Halbieren, Ordinalzahlen 1 bis 10 mit Zahlbeziehungen
  - die Zahl 0
  - Zahlen bis 20, Stellenwertsystem

In den neuen Ausgaben werden die Zahlen wie folgt eingeführt:

- Die Matheprofis 1. Oldenburg-Verlag 2000:
  - Ganzheitliche Zahlenerfassung im Zahlenbereich 0 bis 10 mit Zuordnungsübungen, Zahlbeziehung, Addition und Subtraktion, Zerlegung, simultane Erfassung der Zahlen, Verbindung Geometrie und Arithmetik
  - Zehnerübergang und Zahlen bis 20

- Mathematikus 1. Westermann Schulbuchverlag 2000:
  - ganzheitliche Zahlenerfassung von 0 bis 10 mit Zuordnungsübungen, Ziffernschreibweise, Verbindung Geometrie und Arithmetik, Zahlbeziehung, Zahlzerlegungsübungen
  - ganzheitliche Zahlerfassung von 0 bis 20 mit Zuordnungsübungen, Zahlbeziehung, Zahlzerlegungsübung, Maßzahlaspekt, Verbindung Geometrie und Arithmetik, Ordnungszahlübung, Addition und Subtraktion

Auch wenn die Zahlen zu Beginn ganzheitlich in Betracht genommen werden, so schließt sich danach die Feinarbeit an, d.h. es werden einzelne Zahlen differenzierter und gründlicher sowie die Schreibweise behandelt. Dies variiert von Schulbuch zu Schulbuch ebenfalls stark, so stellt „Die Matheprofis" und „Mathematikus" kaum Platz für die Schreibweise oder einzelne Zahlen zur Verfügung und andere wie „Primo" oder „Mathebaum" wiederum schon.[12]

Es ist ebenfalls sehr wichtig die Kinder nicht nur mit Zahlen zu konfrontieren, sondern am besten die Kinder durch entdeckendes Lernen an die Welt der Zahlen und Mathematik heranzuführen. So wird bereits in der pränumerische Phase auf den Lebensweltbezug der Kinder eingegangen. Dies ist auch bei der Erarbeitung des Zahlenbegriffes notwendig. So bieten sich z. B. Rechengeschichten an, da diese einmal an die Lebenswelt der Schülerinnen und Schüler anknüpfen. Durch das Einkleiden von Rechenproblemen in Rechengeschichten werden die bildhaften Darstellungen in Schulbüchern, sowie das Lernen mit Materialien ergänzt. Außerdem vertiefen Rechengeschichten durch ihre vielfältigen inhaltlichen Möglichkeiten das Verständnis der verschiedenen Zahlaspekte und des Weiteren bahnen sie die Kompetenzen für den Umgang mit Sachaufgaben an.[13]

Der Vorteil der ganzheitliche Einführung des Zahlenbereiches 0 bis 10 oder 20 liegt darin, dass man einmal der Erwartungshaltung der Schulanfänger nachkommt. Denn die wollen Rechnen lernen und sind hoch motiviert. Wenn man jedoch die Vorkenntnisse der Schülerinnen und Schüler ignoriert und jede Zahl einzeln einführt und den Zahlenraum bis 20 sehr kleinschrittig behandelt, obwohl die meisten Kinder die Zahlen bereits kennen, führt das zu einem Motivationsabstieg und eine Unlust des Mathematikunterrichts gegenüber. Außerdem unterfordert man die Kinder damit, was ebenfalls zu Motivationsabfall führen kann.

In einem größeren Zahlenraum bieten sich auch viel mehr Möglichkeiten den Unterricht aktiv und entdeckend zu gestalten.

Auch die Differenzierungsmöglichkeiten sind viel größer, da man leistungsstarken, genau wie leistungsschwachen Kindern bessere Möglichkeiten zum fördern und fordern anbieten kann und somit auch den individuellen Lerntempo jedes Schülers besser gerecht werden kann.

---

[12] vgl. Padberg 2005, S. 29 f.
[13] vgl. Radatz / Schipper 1983, S. 68

4.2.1 methodische Umbesetzung der ganzheitlichen Zahlenerfassung

Padberg[14] schlägt vor den Unterricht bei einem ganzheitlichen Zahleneinstieg „Arbeitsraum" und „Zählraum" zu unterteilen.

Der Zählraum knüpft direkt an die individuellen Zählvoraussetzungen der Kinder an, welche in diesem Teil gefestigt und vertieft werden sollen. Der Arbeitsraum umfasst die Zahlen 1 bis 6 (für eventuell schwächere Kinder) oder 1 bis 12. Den Schnitt bei 6 oder 12 zu machen, bietet sich an, da die Zahlen 1 bis 6 dem Würfelbild entsprechen und so den Kindern vertraut sind und die Umsetzung der Aufgaben und die Übung der simultanen Zahlerfassung mit dem Würfel geschehen kann. Bei dem gewählten Zahlraum bis 12 können 2 Würfel zur Realisierung verwendet werden.

Im Arbeitsraum liegt der Schwerpunkt im Erarbeiten und Üben von Zahlbeziehungen, Zuordnung von Zahl und Menge, Vergleichen von Zahlen, Zerlegen von Mengen, sowie Subtraktion und Addition.

4.3 Repräsentationsformen im Anfangsunterricht

Wissen kann durch drei Repräsentationsmodi dargestellt werden, also auf der enaktiven (handelnden), ikonischen (bildlichen) und auf der symbolischen Ebene. Diese Repräsentationsebenen sollten beim Erarbeiten von mathematischen Sachverhalten und Thematiken beachtet werden, da dadurch auch der Abstraktionsprozess der Kinder gefördert wird.

Am wichtigsten ist es aber nicht bei der Erarbeitung eines Sachverhalts immer mit der enaktiven Ebene zu beginnen und die symbolische Ebene als Ziel zu betrachten, sondern der intermodale Transfer. Die Übergänge zwischen den einzelnen Stufen sollten immer wieder geübt werden. Auch beim Beherrschen von Aufgaben auf der symbolischen Ebene sollte die handelnde und ikonische Ebene nicht außer Acht gelassen werden und diese beiden Stufen immer wieder in Betracht gezogen werden. „Ganz bewusst müssen die Übersetzungen von einem Repräsentationsmodus in einen anderen in alle Richtungen immer wieder herausgefordert werden."[15] Die Kinder sollen angeregt werden ihr Wissen in die verschiedenen Ebenen übersetzen zu können. Dies

---

[14] vgl. Padberg 2005, S. 30 f.
[15] www.grundschule.bildung-rp.de/gs/_Lernprozesse/texte/zahlenverstaendnis.html

kann mit unterschiedlichen Aufgabenstellungen geschehen, z. B. eine Rechengeschichte in eine Handlung zu übersetzten, ein Bild dazu zu malen oder auch passende Bilder dazu herauszusuchen.[16]

Die drei Ebenen sollten immer wieder als Grundlage bei der Erarbeitung von mathematischen Sachverhalten herangezogen werden so auch bei der Erarbeitung der Zahlen.

4.4 Zahlaspekte in den ersten Wochen des Anfangsunterrichtes

Die verschiedenen Zahlaspekte dürfen nicht getrennt voneinander betrachtet werden, da sie eng miteinander verbunden sind. Es ist wichtig, dass die verschiedenen Zahlaspekte von Anfang an im Unterricht parallel zueinander entwickelt und miteinander verknüpft werden. Das bedeutet jedoch nicht, dass alle Aspekte gleichzeitig und gleichgewichtig ihren Platz im Anfangsunterricht finden sollen, sondern dem Kardinalzahlaspekt, sowie dem Ordinalzahlaspekt kommen anfangs besondere Bedeutungen zu. Operator- und Rechenzahlaspekt erhalten erst etwas später mehr Bedeutung und der Maßzahlaspekt bekommt besondere Aufmerksamkeit in Sachsituationen. [17]

Aber bereits in den ersten Wochen kann und sollte man trotzdem alle Aspekte in den Unterricht einfließen lassen und verschiedene Sichtweisen einer Zahl thematisieren.

4.4.1 Ordnungszahlen

Da den Schülerinnen und Schülern die Zahl als Zählzahl und Anzahl im Allgemeinen besser vertraut ist als die Ordnungszahlen ist es wichtig diesen Aspekt zu vertiefen und zu üben.

Gerade bei den Ordnungszahlen bieten sich Situationen aus dem alltäglichen Leben der Kinder besonders an. So kann man diesen Zahlaspekt nicht nur auf den Mathematikunterricht beschränken, sondern vor allem mit dem Fach Sport bei Wettkämpfen in Verbindung bringen bzw. gerade dort üben. Aber auch bei anderen

---

[16] www.grundschule.bildung-rp.de/gs/_Lernprozesse/texte/operationsverstaendnis.html
[17] vgl. Padberg 2005, S. 49

13

Wettbewerben z. B. in Kombination mit Kunst, Deutsch, Musik und im Alltag bei Preisausschreibungen.

Eine andere Möglichkeit ist es, die Kinder beim Einkauf für das gemeinsame Klassenfrühstück beobachten zu lassen, an welcher Stelle der Einkaufsschlange sie standen. Man könnte ihnen dies auch als Aufgabe übers Wochenende stellen, dass sie beim Einkauf mit den Eltern mal darauf achten sollen, an welcher Stelle in der Kassenschlange sie standen und z. B. den, der am weitesten hinten stand, gewinnen lassen.

Eine Theateraufführung in der Schule oder eine gespielte im Unterrichtsgeschehen bietet auch eine gute Möglichkeit die Ordnungszahlen zu üben.

4.5 Üben des Zählens

Auch wenn die Kinder ein hohes Maß an Vorkenntnissen in den Anfangsunterricht mitbringen, sollte das Zählen gefestigt und vertieft werden. Dies kann mit dem Würfelspiel „Räuber und Goldschatz"[18], aber auch gebastelten oder anderen Brettspielen mit den Zahlen von 1 bis 20 und mehr, erfolgen. Durch solche Spiele prägt sich die Zahlenreihe spielerisch ein.

Auch rhythmisches Zählen und Zählen mit Bewegung sind eine gute Möglichkeit das Zählen zu vertiefen. Dabei kann man den Musikunterricht mit einbeziehen, oder auch Gedichte, Abzählreime und Musik von verschiedenen Kindersängern oder ähnlichen in den Unterricht einfließen lassen.

Silvia Regelein und Edith Wittassek haben in ihrem Buch „Der gesamte Mathematikunterricht im 1. Schuljahr" einige Abzählreime und andere Möglichkeiten für das Zählen aufgeführt. Diese können zum Üben des Zählens in den Unterricht eingebaut werden.

Durch Zählübungen können auch gleichzeitig die eineindeutigen Zuordnungen verdeutlicht und geübt werden, indem die zu zählenden Gegenstände oder Personen mit dem Finger berührt oder darauf gezeigt wird.

Es sollte auch geübt werden, von unterschiedlichen Zahlen aus weiterzuzählen.

---

[18] vgl. Padberg 2005, S. 31 f

Das Zählen ist eine wichtige Voraussetzung für das zählende Rechnen. Außerdem hilft das Zählen, bei den Kindern eine mentale Vorstellung vom Zahlenraum aufzubauen und sie erkennen die Zahlbeziehungen. Somit stellt das Zählen die Verbindung zwischen verschiedenen Zahlaspekten her und es ist ein wichtiger Zugangsweg für die Schülerinnen und Schüler zu den Aspekten. Dennoch darf dem Zählen keine Vorrangstellung im Anfangsunterricht eingeräumt werden und andere Zugänge zum Zahlbegriff vernachlässigt werden, da dies sonst verhängnisvolle Folgen haben könnte für den aufbauenden Mathematikunterricht.[19]

4.6 Zahlbeziehungen

Die Zahlbeziehungen werden den Kindern durch verschiedene Übungen in den ersten Wochen handelnd und entdeckend nahe gebracht. So spielen auch Mengenvergleiche eine Rolle. Darauf aufbauend können die Relationszeichen eingeführt werden. In den beiden neueren Schulbüchern (Mathematikus, Die Matheprofis) wurde ebenfalls so verfahren, dass erst Mengenvergleiche im Vordergrund standen und anschließend die Relationszeichen.

Bei der Einführung der Relationszeichen und der dazugehörigen Sprechweise kann es bei den Kindern zu Verwechslungen kommen. Daher bietet sich eine anschauliche, kindgemäße Einführung der Zeichen an. Silvia Regelein[20] schlägt vor, mithilfe eines Fisch- oder eines Krokodilmauls die Symbole zu verdeutlichen. Dabei kann auch eine Geschichte vom Lehrer erfunden oder ausgesucht werden und passend dazu mit einem Stofftier oder einer Handpuppe vorgetragen werden. Anschließend basteln die Kinder sich ein Fisch oder Krokodil aus buntem Tonpapier mit betontem Maul. Damit können selbst verschiedene Aufgaben mit Steckwürfeln oder anderem Material gelöst werden. Auch hier sollte wieder mit der handelnden Repräsentationsebene begonnen und langsam zur symbolischen Ebene übergegangen werden. Ziel der symbolischen Ebene sind die Platzhalteraufgaben ohne bildliche Unterstützung.

---

[19] vgl. Padberg 2005, S. 34
[20] vgl. Regelein, Wittassek 2002, S. 90

4.7 Ziffernschreibweise

Es ist besonders wichtig die richtige Schreibweise der Ziffern zu üben, da der Durchschnitt der Schulanfänger ca. 5 der 10 Ziffern richtig schreiben können. Außerdem müssen bereits fehlerhafte Schreibweisen korrigiert werden.[21] Bei der Einführung der Ziffernschreibweise müssen genau wie beim Buchstabenschreiblehrgang die motorischen Fähigkeiten der Kinder beachtet werden, welche durch Übungen der Fingerfertigkeit und der Feinmotorik geschult werden müssen.

Es gibt verschiedene Arten die Ziffernschreibweise zu üben, so kann man den Kindern die Möglichkeit geben, die Ziffern mit verschiedenen Sinnen zu erfahren.

Die Stationsarbeit bietet sich dafür an. So wäre es möglich verschiedene Stationen aufzubauen, z. B.

- Ziffern in Sand, in die Luft, groß und klein an die Tafel schreiben
- Ziffern ausmalen in verschiedenen Farben
- Ziffern aus verschiedenen Materialien herstellen, z. B. aus Knete, Wolle aber auch aus Teig
- Ziffern aus verschiedenen Materialien legen, z.b. mit Nüssen, Bonbons, Stiften, Blättern aus der Natur
- Ziffern auf den Rücken des anderen schreiben und erraten, welche Zahl man geschrieben hat
- Ziffern auf den Boden schreiben und diese im Gehen, Hüpfen, Kriechen, mit einem Bein, rückwärts, vorwärts folgen
- mit verbundenen Augen Zahlen aus Holz, Plastik, Knete und anderen Materialien fühlen und erraten
- Augen verbinden und durch Geräusche (z.B. 3 mal Klopfen auf eine Trommel) die Zahl erraten und aufschreiben
- Stille Post
- Augen verbinden und die Anzahl der Schokoladenstückchen erraten und diese aufschreiben
- Zahlen durch Pantomime darstellen

---

[21] vgl. Padberg 2005, S. 43

Eine weitere schöne Möglichkeit ist auch das Zahlenbuch, welches von S. Regelein vorgeschlagen wird. Dabei können die Kinder kreativ ein angefertigtes Heft aus Tonpapier gestalten. Jede Ziffer (1 bis 20) erhält eine eigene Seite oder auch eine Doppelseite, die von den Schülerinnen und Schülern individuell gestaltet wird. Es wird die entsprechende Ziffer auf die Seite geschrieben. Anschließend werden die entsprechenden Mengen durch unterschiedliche Materialien aufgeklebt, so entstehen Fühlzahlen. Das entstandene Zahlbuch kann im Unterricht eingesetzt werden.

5. Arbeitsmittel des Anfangsunterricht

Für die Schüler sind Arbeitsmittel besonders wichtig, da ein Sachverhalt immer mit den drei Repräsentationsebenen enaktiv, ikonisch und dann symbolisch behandelt werden sollte. So steht die handelnde Ebene oft an erster Stelle, welche Arbeitsmittel unabdingbar macht. Aus dem Wissen über Piagets Forschung geht hervor, dass mentale Operationen durch konkrete Handlungen entstehen und dabei sind Materialien unbedingt nötig.

Es ist aber nicht irgendein Arbeitsmittel zu wählen, sondern es muss den Schülern geeignetes Material zur Verfügung gestellt werden. Vor allem im Anfangsunterricht sind Arbeitsmaterialien für die Kinder unentbehrlich.

Es gibt eine große Auswahl an Arbeitsmaterialien im Mathematikunterricht, gleich ob die Lehrkraft es selbst herstellt oder es käuflich erworben werden muss. Um das geeignete Material für die Klasse oder den einzelnen Schüler, sowie für die zu behandelnde Thematik herauszufinden, gibt es Leitlinien und Auswahlkriterien von verschiedenen Mathematikern. So hat z. B. Prof. Dr. Schipper im Internet[22] Leitlinien und Kriterien für die Auswahl des geeigneten Arbeitsmaterials zusammengefasst. Es gibt aber auch weiterführende Literatur für die Auswahlkriterien und Gebrauch solcher Materialien.

---

[22] www.grundschule.bildung-rp.de/gs/_Lernprozesse/texte/Arbeitsmittel.html

5.1 Steckwürfel

Die Steckwürfel sind ein ganz unspezifisches Arbeitsmittel, welches in allen Bereichen der Mathematik angewendet werden kann. So kann man sie durch ihre Steckverbindung in Geometrie genauso gut anwenden wie in Arithmetik, aber auch beim freien Spiel. Es lassen sich verschiedene Aufgaben und Übungen mit den Steckwürfeln realisieren, z. B. kann man sie nach Farben klassifizieren und in entsprechende Behältnisse einordnen, oder auch zum Abzählen, zum Darstellen und Üben der Grundrechenarten, für die Darstellung von Zahlbeziehungen, aber auch zum Abmessen von Länge und Gewicht und zum Bauen von Körpern.

Dieses Material kann auch in unterschiedlichen Sozialformen Anwendung finden und in vielen Kombinationen mit anderen Arbeitsmitteln wie einem Arbeitsblatt oder dem Overheadprojektor.

Durch ihre vielseitigen Anwendungsmöglichkeiten kann man die Steckwürfel sehr gut in der Anfangsphase des Mathematikunterrichts nutzen.

5.2 Cruisenaire-Stäbe

Diese Stäbchen sind unterschiedlich lang und verschieden eingefärbt. Durch die Farben werden die Zahlverwandtschaften deutlich gemacht.

Dieses Material ist ebenfalls sehr vielfältig einsetzbar, so kann man Figuren und Bandornamente legen, Zahlbeziehungen verdeutlichen, Üben und Darstellen der Grundrechenarten.

Die Cruisenaire-Stäbe kann man ebenso wie die Steckwürfel in verschiedenen Sozialformen des Unterrichts anwenden, sowie in Kombination mit anderen Arbeitsmitteln. Außerdem ist es ein für den Anfangsunterricht sehr gut geeignetes Arbeitsmittel.

5.3 Merkmal-Plättchen

Diese Plättchen sind auch unter dem Begriff „strukturiertes Material" bekannt. Es sind Plättchen die bestimmte Eigenschaften darstellen, wie rund, n-eckig, dick, dünn und verschiedenfarbig.

Dieses Material wird oft in den Schulbüchern mitgeliefert, es kann aber auch einfach aus Papier oder Tonkarton selbst hergestellt werden. Dabei kann der Lehrer das selbst vorbereiten oder auch die Schüler mit helfen lassen, oder die Eltern mit einbeziehen. Diese Plättchen können besonders in der pränumerischen Phase eingesetzt werden. Durch die Arbeit mit diesem Material sollen vor allem die Fähigkeiten wie klassifizieren, ordnen, unterscheiden und vergleichen gefördert werden.

5.4 weitere Materialien

Es gehören aber auch die Finger, die Stifte, Lineal oder andere diverse Schulmaterialien zu den Arbeitsmitteln, welche nicht zu verachten sind.

Vor allem die Finger sind ein wichtiges Mittel für das zählende Rechnen, aber auch um Dinge abzuzählen oder bestimmte Rechenschritte und Zahlen zu verdeutlichen. Es sollte jedoch darauf geachtet werden, dass vor allem das zählende Rechnen mit Hilfe der Finger langsam abgelöst wird durch auswendig gelernte Aufgaben und später durch heuristische Rechenstrategien.

Auch Materialien aus der Montessoripädagogik können bei richtiger Anwendung und vorheriger Auseinandersetzung und der entsprechenden Intention ihren Einsatz im Mathematikunterricht finden, wie die unterschiedlichen Sinnesmaterialien (Rosa Turm, Braune Treppe, Rote Stangen, verschiedene Tastbretter, Einsatzzylinder, farbige Zylinder, Farbtafeln) oder auch die Mathematik- und Geometriematerialien (Goldenes Perlenmaterial, Numerische Stangen, Geometrische Körper). Diese bieten sich ebenfalls durch verschiedene Anwendungsmöglichkeiten für den Anfangsunterricht an.

Weitere Arbeitsmaterialien für den Anfangsunterricht sind Perlen- und Rechenketten, der Zwanziger-Rechenrahmen, Rechenstäbchen, Perlen und Knöpfe.

6. Zusammenfassung / Schlussfolgerung

Zusammenfassend kann gesagt werden, dass es von enormer Bedeutung ist, an die Vorkenntnisse der Schülerinnen und Schüler anzuknüpfen. Dies setzt eine gründliche Beobachtung der Kinder zu Beginn voraus. Dafür sollten auch Tests wie bei Spiegel, Grassmann oder anderen mit den Schulanfängern durchgeführt werden, um ein optimales Anknüpfen zu gewährleisten.

Es ist ebenfalls wichtig eine pränumerische Phase anfangs einfließen zu lassen, in welcher zahlreiche Übungen stattfinden sollten, die mathematische und lebenswichtige Verfahren wie klassifizieren, ordnen, vergleichen, unterscheiden u. a. vorbereiten und festigen. Außerdem sollte diese Phase unbedingt für das Herausfinden der Kenntnisse genutzt werden und den Kindern als Kennlernphase dienen.

Jedoch sollte sich der Lehrer für die Gestaltung der ersten Schulwochen in einer 1. Klasse daran orientieren, inwieweit eine pränumerische Phase bereits in den Kindergärten und im Vorschulbereich stattgefunden hat, um darauf aufbauen zu können und wiederum optimal an den Vorkenntnissen der Kinder anzuknüpfen. Auch in den ersten Mathematikstunden der 1. Klasse sollten bereits Differenzierungsmaßnahmen für leistungsstarke und leistungsschwache Schüler stattfinden und somit auch schon Zahlen und Rechenaufgaben zur Verfügung gestellt werden. Dies ist einmal wichtig, um den Vorkenntnissen gerecht zu werden und zum anderen, um die Motivation der Kinder beizubehalten und zu fördern, sowie eine Lernunlust, Demotivation und Angst vor dem Fach Mathematik vorzubeugen.

Für die Bearbeitung und Behandlung der Zahlen bietet sich der ganzheitliche Einstieg an, welcher auch den Vorteil hat, dass sich dafür verschiedene Sozialformen und Handlungsmuster, sowie methodische Großformen des Unterrichts anbieten. Daher kann der Unterricht von Anfang an sehr interessant und vielseitig vom Lehrer gestaltet werden. Außerdem sind gleichzeitig durch den ganzheitlichen Einstieg viel mehr Differenzeierungsmöglichkeiten für die unterschiedlichen Leistungsstände der Kinder möglich. Somit kann man als Lehrer den Interessen, Leistungen und Vorkenntnissen der Kinder besser gerecht werden.

Wie man dieses Stoffgebiet am besten methodisch umsetzt, kommt einmal auf die Klasse, die individuellen Schüler, aber auch auf die Schule und vor allem auf den

Lehrer an. Es gibt zahlreiche Vorschläge wie z. B. bei Silvia Regelein, Padberg oder anderen Autoren, die man sehr gezielt nutzen kann. Auch das Internet bietet eine große Auswahl von Anregungen zur methodischen Umsetzung an. Was auf jeden Fall beachtet werden muss und an erster Stelle stehen sollte, ist der Lebensweltbezug der Kinder und das entdeckende Lernen, d. h. dass die Schülerinnen und Schüler selbst die Zahlen in ihrer Vielfalt entdecken und erforschen sollten bzw. es sollte ihnen die Möglichkeit dazu gegeben werden. Außerdem sollte immer wieder ein unmittelbarer Bezug zur Umwelt der Kinder hergestellt werden.

Auch der Bezug zwischen Arithmetik und Geometrie, sowie zu den Sachaufgaben sollte von Anfang an gezogen werden. Geometrie wird in den Schulen viel zu selten und zu kurz behandelt, obwohl sie auch zentrale Grundlagen für Erfolge im Rechnen liefert.[23] Daher wäre eine Verbindung zwischen den drei Lernbereichen aus dem Lehrplan bereits von der 1. Klasse an angebracht. So sollte auch immer versucht werden fächerübergreifend zu arbeiten.

Abschließend sei noch gesagt, dass die ersten Wochen und vor allem das erste Schuljahr im Fach Mathematik sehr ausschlaggebend für die Kinder sind, da in dieser Zeit im Durchschnitt noch Begeisterung für das Fach vorhanden ist und diese unbedingt von dem Lehrer genutzt und gefördert werden sollte. Durch zu kleinschrittiges Vorgehen, keine Differenzierungsmaßnahmen und ausschließlichem Frontalunterricht kann die Motivation und Lernfreude in diesem Fach zerstört werden kann und sich eine Lernunlust und Frustration einstellen bis hin zur Angst vor Mathematik. Daher ist eine optimale Förderung und Forderung der Kinder und der Lebensweltbezug, sowie interessanten kindgemäßen Aufgaben und Übungen notwendig.

---

[23] www.grundschule.bildung-rp.de/gs/_Lernprozesse/texte/ersteWochen.html

Literaturverzeichnis

Primärliteratur

Lauter, Joseph: Fundament der Grundschulmathematik. Pädagogisch-didaktische Aspekte des Mathematikunterrichts in der Grundschule. 3. Auflage, Donauwörth: Auer Verlag 1997

Lauter, Joseph: Methodik der Grundschulmathematik. 8. überarbeitete Auflage. Donauwörth: Auer Verlag 1995

Maier, Hermann: Didaktik des Zahlbegriffs. Ein Arbeitsbuch zur Planung des mathematischen Erstunterrichts. Hannover: Schroeder Schulbuchverlag 1990

Müller, Gerhard; Wittmann, Erich Ch.: Der gesamte Mathematikunterricht in der Primarstufe. Ziele · Inhalte · Prinzipien · Beispiele. 3. überarbeitete Auflage. Wiesbaden: Vieweg Verlag, 1984

Padberg, Friedhelm: Didaktik der Arithmetik für Lehrerausbildung und Lehrerfortbildung. 3. überarbeitete Auflage. München: Elsevier, Spektrum Akademischer Verlag 2005

Radatz, Hendrik; Schipper, Wilhelm: Handbuch für den Mathematikunterricht an Grundschulen. Hannover: Schroedel Verlag 1983

Regelein, Silvia: So läuft Ihr Mathematikunterricht. Der Ratgeber von A bis Z für den Mathematikunterricht in der Grundschule. München: Oldenbourg Schulbuchverlag 2000

Regelein, Silvia; Wittassek, Edith: Der gesamte Mathematikunterricht im 1.Schuljahr. München: Oldenbourg Schulbuchverlag 2002

Lehrplan Grundschule, Mathematik, Sachsen, 2004

Lehrplan Grundschule, Sachunterricht, Sachsen, 2004

Lehrplan Grundschule, Mathematik, Sachsen, 1992

Schulbücher

Mathematik für die Grundschule 1. Frankfurt am Main: Moritz Diesterweg Verlag 1990

Mathemax. Mathematik für Grundschulkinder. Ausgabe Sachsen. 1. Schuljahr. Berlin: Cornelsen Verlag 1993

Mathematikus 1. Braunschweig: Westermann Schulbuchverlag 2000

Die Matheprofis 1. Ein Mathematikbuch für das 1. Schuljahr. München: Oldenbourg Schulbuchverlag 2000

Internetadressen

www.grundschule.bildung-rp.de/gs/mathematik/unten-mathe-main.html

www.grundschule.bildung-rp.de

www.grundschule.bildung-rp.de/gs/unten-1.html

www.grundschule.bildung-rp.de/gs/anfangsunterricht/W&WKinderschonrechnen.pdf

www.lernarchiv.bildung.hessen.de/archiv/grundschule/Mathematik/anfangsunterricht_mathematik.html

www.vs-material.wegerer.at/mathe/m_mengen.html